欢迎你打开《幸福手册》，开启重建幸福人生的练习。

我们人生中一切问题的根源，都在于自我关系。处理不好跟自己的关系，我们也不会处理好跟他人、跟世界的关系。尽管每个人都满腔热血地朝着幸福努力，但却越努力越痛苦、越努力越无力。

能抵达幸福彼岸的人，一定是心智成熟的人。如果一个人的心智还停留在孩童状态，那么他是没办法给自己创造出幸福的人生的。所以幸福的真相，就在于改变内在心智，从"心智小孩"成长为"心智成人"。

这条成长道路很复杂，但也有迹可循。成长，在于体验。《幸福的真相》带给我们满满的心理学知识，如果能配合使用这本心灵手册，我们更可以从身心层面去完整体验心智的成长之旅。

所以，结合阅读后的收获，开启自我心智的探索旅程吧。

从现在开始，走在幸福之路上。

每个想要更幸福的成年人，都要经历从"心智小孩"到"心智成人"的蜕变。

只有心智成长了，才能真正长大，也才有能力在复杂的成人世界里灵活地采摘幸福。

目 录
CATALOG

心灵札记

✎ 练习一　理解人生脚本

背景：人生脚本是童年时针对一生的计划，是经父母强化并从生活经验中得到证明的生活模式。

练习引导

用几个词语来形容以下背景：

1. 小时候，爸爸是这样对待我的（写出直觉性的 6~8 个词语）。

2. 小时候，妈妈是这样对待我的（写出直觉性的 6~8 个词语）。

反思

用父母对待自己的成语形容一下背景：

1. 现在，我也是这样对待自己的。

2. 现在，我也是这样对待伴侣和孩子的。

✎ 练习二 界限体验

背景：界限是我们每个人自己的心理空间，即什么事是我应该负责的。尊重自己界限的人，也能够尊重他人的界限。

练习引导

1. 找一个搭档，两个人在双方都觉得合适的距离上面对面站着。

2. 想象对方扮演着我们人生中的某种角色，并让对方带着那个角色的能量向我们靠近。

3. 当我们感觉到不舒服时，就让对方停下来。

反思

1. 你想到的人是谁？

2. 你觉得你们的界限清晰吗？舒服吗？想要改善吗？

✎ 练习三　交还他人命运

背景：任何人都无法照顾别人的命运，但是很多人却在为别人活着。这个练习可以一个人做，可以两个人做，也可以三个人做。

练习引导

1. 内心确定搭档正在扮演的某个角色（你有意或无意承担了照顾对方命运的人）。

2. 试着和搭档这样说："亲爱的 ××，我爱你，但我不能照顾你的命运。每个人都有每个人的命运，就像每个人都有每个人的支持！"

3. 找到一件象征物代表命运，然后将这件象征物交还给搭档，这代表把对方释放回对方的人生，同时自己也释放回自己的人生。

反思

1. 你选定的角色是谁？是父亲、母亲、爱人、孩子，还是某个朋友？

2. 做这个练习时，你的感受如何？做完后，你的感受又如何？

✎ 练习四　家谱图探索

背景：通过探索家谱图，能找到做事情的动力。

练习引导

1. 填写资料

姓名：

年龄：

教育程度：

信仰：

民族：

爱好：

三个负面特质：

三个正面特质：

2. 关系：　　　□很好　　　□不好　　　□一般

3. 有无重大事件

□死亡　　　□领养　　　□离婚　　　□其他

4. 家谱图探索

（1）在你的家庭里面，有什么样的仪式？这些仪式对你的意义是什么？

（2）在你的成长经历里有什么样的规定？

（包括隐藏的、被期待遵守的规定）

（3）当你遵守规定时感觉如何？当你不遵守规条时感觉如何？

（4）你突破了哪些规定？

（5）你有没有把这些规定投射到其他人（伴侣、孩子、下属）身上？

5. 在家里谁可以自由表达愤怒、焦虑、幽默、快乐？

6. 你从家里传承了什么（情绪、爱好、病症）？

反思

你的感受是怎样的？

✎ 练习五　接受父母法

背景：我们无法改变父母，却可以改变对父母的认知。

练习提示

1. 在这个过程中有任何感觉和情绪，请自然流露出。

2. 这个练习并非表示你和父母的关系不好，而是引导你从中找到力量。如果你有自卑感、无力感，就可以用"接受父母法"。

练习引导

1. 想象父亲在右边，母亲在左边。

2. 感受与父母的距离。

3. 自由地表达想对父母说的话。

4. 呼吸放松（大口吸气，慢慢呼气。呼气时，双肩下沉，随着双肩下沉，越来越放松）。

5. 有些话可以选择说出来，也可以选择留在心里。

6. 睁开眼睛，如果想哭就哭吧（哭代表能量在流动）。

7. 鞠躬，双手无力下垂，感觉能量圈从父母传递给你，直到足够慢，走向父母，三人拥抱。

8. 分享感受（说出自己的感觉）。

提醒

如果你不知道该对父母说什么，下一页的引导语可以赋予你力量。

☑ 心灵札记

引导语

爸爸，您是我唯一的爸爸

也是最有资格做我爸爸的人

我完全接纳您为我的爸爸

完全接受您给我的一切

也接受因此而需要付出的所有代价

请您接受我为您的孩子

生命经由你和妈妈传给我

里面已经拥有全部我需要的力量、爱和支持

就算我有其他的需要

也会运用你们给予我的，在其他地方得到

我知道我的人生路不会平坦

途中会有很多挫折和失败

无论我经历怎样的失望和伤害

我知道你们给我的力量、爱和支持

已经足够我去度过、去成长

我会做很多好事，让你们以我为荣

当我准备好的时候，我会（若已经结婚或有了孩子，按

情况需要，改为"我已经……"）有自己的家庭

把生命传递下去

我会很好地照顾我的家庭

我会拥有成功快乐的人生

请容许我用这个方式来表示对您的爱、感谢和尊崇

爸爸，我把您放在我心里最重要的位置

您在那里每天都知道我做的好事

我也每天都感受到您对我的爱和支持

爸爸，谢谢您

爸爸，我爱您

（对妈妈，亦然）

☑ 心灵札记

✎ 练习六 从戏剧三角的角度改写人生故事

背景：人生故事是你眼中自己的模样；人生真相是你的真实模样。
活出生命的意义，就在于找到人生真相。

练习引导

1. 从受害者三角的角度讲一段自己的人生故事。

2. 带着觉知，从责任者的角度重新讲述这一段故事。

3. 从创造者的角度重新审视这段故事。

4. 思考不同的戏剧三角带来的觉知和新的行动是什么。

反思

1. 你在哪段关系中承担着受害者角色？

2. 你觉得自己为什么喜欢玩受害者游戏？

3. 如果用责任者游戏来替代受害者游戏，你愿意吗？你
觉得人生会有怎样的改变？

✎ 练习七　从爱的角度改写人生故事

背景："改写"故事是重建信念的途径。学着去陈述故事，"改写"故事，给自己的人生构建充满爱的故事。

练习引导

1. 讲述一个关于你自己的故事。

2. 从爱的视角"改编"故事。

3. 新故事背后的新信念是什么？

反思

1. 这个故事中的重要人物有谁？

2. 我和他（她）的关系是怎样的？

3. 当你"改编"故事后，你想对他（她）说什么？

✎ 练习八　觉察限制性信念

背景：三种限制性信念

无助感：我得不到帮助。

无望感：我没有希望。

无资格感：我没有价值。

练习引导

当发生　　　　　　　　的时候，我会感到无助。

当发生　　　　　　　　的时候，我会感到无望。

当发生　　　　　　　　的时候，我会感到无资格。

反思

1. 你觉得自己哪一种限制性信念最多？

2. 你觉得你的这一限制性信念是怎么形成的？

3. 思考一下想要改变现有状态，应该怎么做？

✎ 练习九　松动限制性信念

背景：通过转化练习，我们可以从无助、无望、无资格状态转化成更积极、更有力量、更自由的状态。

练习引导

限制性信念	自我转化语
没有人爱我	我值得被爱
我没资格花钱	我有资格花钱
我没资格被爱	我有资格被爱
我没能力成功	我有能力成功

反思

选取一个你最典型的限制性信念，它是：

1. 我觉得父母及"重要他人"对这个信念的形成有怎样的影响？

2. 我能回忆起过往某个经历让我更坚定这个信念？

3. 我在哪些场景下再次验证了这个信念？

4. 现在我想抛弃它吗？

✎ 练习十　转化限制性信念

背景：我们认同的负面信念越多，它们对我们人生的束缚就越多，我们就越无法活出自由丰盈的人生。

练习引导

1. 我觉得自己拥有的典型负面信念是：

2. 我真的相信这个信念吗？

　　□相信　　　□不相信

3. 如果我相信它，会发生什么？

4. 如果我不相信它，会发生什么？

反思

1. 一想到这个信念，我首先想到谁？

2. 我和他（她）的关系是怎样的？

3. 如果面对他（她）说一句话，我想说的是：

✎ 练习十一　和潜意识连接

背景：潜意识永远为我们服务，但是意识可能为别人服务。与潜意识连接，可以帮助我们更好地觉察自己的真实需求。

练习引导

1. 呼吸，放松。

2. 想一件接下来要完成的重要事情。

3. 感受身体感觉比较强烈的重心点，用其代表潜意识。

4. 与潜意识对话：我能看到（感受到）你，谢谢你一直支持我，接下来我有一件非常重要的事情要做，我希望这件事可以做得更好，邀请你支持我，谢谢你。

5. 想象未来这件事情变得更好的画面（可以是多个画面），画面中的自己更智慧，得到了更大的成长。

反思

1. 在做练习时，你不自觉想到了什么？想到了谁？

2. 当你的感受与这个人的感受有冲突时，你都是怎么处理的？

3. 通过这个练习后，你对这个人的态度会有怎样的改变？

4. 如果你在放松时觉得有些吃力，那么下一个练习会帮到你。

✎ 练习十二　与潜意识沟通

背景：我们可以运用想象进行自我催眠，使自己的身体和潜意识更配合。

练习引导

1. 站起来，找一个空间，做伸展运动。

2. 放松，做两个深呼吸，然后想象身体非常柔软，像橡皮筋一样有韧性、有弹性，身体还可以像麻花一样扭很多圈，再慢慢地转回来，身体非常放松。

3. 再做两个深呼吸，把自己慢慢地带回来，然后再做同样的伸展运动。

反思

你的感受是怎样的？

✎ 练习十三　改变内视觉经验元素

背景：我们的经验元素大多数来自视觉通道。改变视觉经验元素，可以帮助我们对潜意识中的经验元素进行重新组织。

练习引导

1. 想起过去某个事件，你的感受是：＿＿＿＿＿＿＿＿

给唤起的情绪评分（0～10分），你的评分是：＿＿＿＿

2. 让自己放松，与潜意识保持连接。

3. 想象着把当时的场景放进电视屏幕。

4. 调整屏幕（比如彩色变成黑白，动态变成静止，声音调小，整个屏幕调远、调小，最后调至左前方很远的一个黑点）。

5. 储存（把事情的正面意义储存在心中，并随屏幕的调整变小）。

6. 打破状态，测试效果。

提醒

在《幸福的真相》第九章第四节中有实操举例，能帮助你更好地学习如何进行这项练习。

✎ 练习十四　运用经验元素重整大脑秩序

背景：我们的潜意识中储存的记忆都是碎片式的，这个练习可以帮助我们厘清潜意识知识，让知识更有序、有条理，方便调取。

练习引导

1. 想一下我们以往学习的知识，我们能看到什么画面？有什么感觉？

2. 我们可以把所有学过的知识进行分类，比如根据学派、学科、兴趣等。然后闭上眼睛，想象在自己的潜意识中有一个书柜，这个书柜的样式、材质、颜色、大小、高度完全是自己喜欢的样子。然后根据分类，将书柜分成相应的区域。

3. 想象刚才一堆混杂无序的知识自动飞到书柜中完成了分类（我们的潜意识不需要特别清楚每类知识具体是什么，但是它有能力将相应的知识划分到相应的区域中）。

4. 对每一类知识，我们想象着去贴一个标签，并想象未来每当自己需要在人生中用到这些知识的时候，它就会自动跳出这个区域，为我们所用。

5. 我们可以看到、听到和感受到与每一个区域知识的连接，然后把所有这些感觉储存在潜意识中，慢慢回到现实。

反思

你的感受是怎样的？

☑ 心灵札记

背景：期待形成于想要满足却没有被满足的过程。

练习引导

两个人一组互相谈一谈自己的 3~5 个期待，并觉察自己的感受是什么，观点是什么。

第 1 个期待：_____

感受是：_____

观点是：_____

第 2 个期待：_____

感受是：_____

观点是：_____

第 3 个期待：_____

感受是：_____

观点是：_____

第 4 个期待：_____

感受是：_____

观点是：_____

第 5 个期待：_____

感受是：_____

观点是：_____

反思

你的感受是怎样的？

背景：每个人都有自己的"冰山"，甚至可以说，我们每个人的每个具体行为都对应着一个事件的。

练习引导

想象自己过往经历的一个事件，思索后写下：

1. 我的行为：

2. 我的应对方式：

3. 我的感受和感受的感受：

（喜悦、兴奋、着迷、愤怒、伤害、恐惧、悲伤……）

4. 我的观点：

（我的信念、假设、预设立场、主观现实、认知等，如"我认为人应该是怎样的""我认为事物应该是怎样的"）

5. 我的期待：

我对自己的期待：

我对他人的期待（投射）：

别人对我的期待（来自他人的）：

6. 我的渴望：

（人类共有的被爱、被接纳的、被认同的、有意义的、

有价值的、自由）

7. 我的自我，即我是：

（我的生命力、精神、灵性、核心、本质）

只有找到我是谁，我希望我成为什么样的人，

才能创造出属于自己的世界。

事实不是真相，只是真相的一部分，

我们处理的不是当事人的问题，而是当事人的感受。

沟通感受是通往别人内心世界的"高速公路"。

沟通我们脆弱的地方可以拉近彼此的距离，

所以，要学会示弱。

反思

你的感受是怎样的？

背景：理解层次最核心的点是上一层次管理下一层次。

练习引导

1. 确定自己人生中的一个系统。

我选择的系统是：＿＿＿＿＿＿＿＿＿＿＿＿＿＿＿＿＿＿＿＿

2. 梳理在这个系统中自己的身份是否有效。

我的身份是：＿＿＿＿＿＿＿＿＿＿＿＿＿＿＿＿＿＿＿＿＿＿

它（身份）是否有效：＿＿＿＿＿＿＿＿＿＿＿＿＿＿＿＿＿

3. 自己需要调整的有效身份是什么？如何调整？

反思

你的感受是怎样的？

✎ 练习十八　理解层次身份理清

背景：这个练习能让我们从不同层次看见和理解一个人。

练习引导

我看到你

环境：＿＿＿＿＿＿＿＿＿＿＿＿＿＿＿＿＿＿＿＿

行为：＿＿＿＿＿＿＿＿＿＿＿＿＿＿＿＿＿＿＿＿

我感觉到你

能力：＿＿＿＿＿＿＿＿＿＿＿＿＿＿＿＿＿＿＿＿

信念与价值：＿＿＿＿＿＿＿＿＿＿＿＿＿＿＿＿

身份：＿＿＿＿＿＿＿＿＿＿＿＿＿＿＿＿＿＿＿＿

你的贡献

系统：＿＿＿＿＿＿＿＿＿＿＿＿＿＿＿＿＿＿＿＿

反思

你的感受是怎样的？

背景：通过这个练习，我们可以看见自己不完美的部分，并学习去接纳自己的不完美，爱上不够完美的自己。

练习引导

1. 放松状态。

2. 思考自己不够好的一面。这种不够好，一直是你不愿意看和触碰的，你甚至想都不敢想，你虽然厌恶它，但从来不敢正面看着它。

对自己说：这就是我的一部分，即使不好，我也全然接受它，因为它就是真实的我。

3. 当你面对自己的不好和讨厌的部分时，静静地看向它。试着抚摸它，抱着它。你开始会很不舒服，很困难。但带着爱，让爱流动起来，你就像看着一个可怜的、没人爱的孩子一样看着那个不够好的你。

对自己说：带着爱，无论你是什么样子，我都会爱你的。

4. 不断地训练和重复。

你的爱会慢慢地增加。你对这一部分的抗拒和不舒服也会慢慢地减弱。最后当你能真正拥抱那个不够好的你时，你就"穿越"了。

当你改变，你会发现，很奇妙的是，你身边的人也跟着改变了。

因为，你同时也是他们的一面镜子。

他们也会从你身上看到爱和包容，并接纳自己。

他们也因你的成长而成长。

在这个世界里，我们不是孤独的，

我们在一个共同体里，一起学习，一起成长。

☑ 心灵札记

背景：外在的一切，不管是声音还是感觉，都在支持我们更好地"看到"自己的内在。

练习引导

1. 呼吸放松，与潜意识沟通。

2. 想象一个"成长中的自己"，去看、去感受对方的表情、姿态和状态。

3. 与"成长中的自己"对话："我是长大以后的你，你就是曾经的我，我'看到'你了，现在是时候让我们在一起了，这样我们会接受自己，更爱自己，更多一分力量。"

4. 与"成长中的自己"拥抱，说一些只有你们自己知道的事，想象"成长中的自己"变成一股能量与自己完全融合在一起。

5. 打破状态，反思感受。

反思

你的感受是怎样的？

✎ 练习二十一　借用未来自己的力量

背景：改变经验元素还可以向未来借力，也就是借未来的图像给自己支持力。

练习引导

1. 想象你未来的成功景象。

2. 运用三大感觉通道强化这一未来成功景象。

视觉上，它是这样的：＿＿＿＿＿＿＿＿＿＿＿＿＿

听觉上，它是这样的：＿＿＿＿＿＿＿＿＿＿＿＿＿

感觉上，它是这样的：＿＿＿＿＿＿＿＿＿＿＿＿＿

3. 身临其境，进入这一成功景象中。

在这个景象中，我的感受是：＿＿＿＿＿＿＿＿＿＿＿

在这个景象中，别人对我的态度是：＿＿＿＿＿＿＿＿

反思

你的感受是怎样的？

✎ 练习二十二　提升聆听能力

背景：学会聆听比学会说更重要。沟通是双向的，越懂得聆听别人，自己获得的信息才会越客观、越完整。

练习引导

1. 请身边人讲述自己的一个困惑、经历或故事。

2. 完整复述下来，最好能做到一字不差。

反思

你的感受是怎样的？

✐ 练习二十三　精简语言能力

背景：话不在多，而在精，练习每句话都说在"刀刃"上。

练习引导

1.给别人或自己讲述自己曾经的一个困惑、经历或故事。

2. 将上述内容用三句话讲述出来：

3. 将上述内容用一句话讲述出来：

反思

你的感受是怎样的？

✎ 练习二十四　接受批评法

背景：接受批评法是一个有效改善批评所遗留的负面情绪的方法，还可以教会我们学会正面应对批评。

练习引导

1. 想象回到过去被批评的画面。

2. 重放批评的过程，同时身边放个"垃圾桶"。

3. 分离画面，把有意义的留下，把没有意义的放进"垃圾桶"。

有意义的是：

无意义的是：

4. 和对方做一些简单对话。

5. 打破状态。

反思

你的感受是怎样的？

练习二十五　一分为二法

背景：故事会骗人，我们以为的真相往往不是真相。那我们就学习不去讲故事，直接去对感受进行处理。

练习引导

1. 想象对方站在你前面，找到原始感觉，把对方放进大屏幕，再将屏幕一分为二，对方在屏幕的右半部分，是原型。

2. 将原型进行复制，放到左半边屏幕，然后和原型进行对话："你也不完美，我也不完美，我只和你那些有支持力的部分互动，把我不能接受的放下。"然后把这一部分移动到复制品这边，推远它，直至成为一个小黑点。

3. 和原型朋友简单对话："未来我会和你更好地配合，让我们的关系更好。"

反思

你的感受是怎样的？

背景：负面情绪就像没有被驯服的动物，只要我们学会了与它的相处艺术，我们就能驾驭它。

负面情绪是：

（愤怒、悲伤、痛苦、冲动、急躁、玻璃心……）

练习引导

1. 我不想要（不喜欢）××。

（举例：我不想悲伤，我不喜欢悲伤。）

2. 我需要 ××，因为它提醒我 ××。

（我需要悲伤，因为悲伤可以提醒我珍惜现在所拥有的，帮助我不再深陷失去的悲伤里。所以我要运用它让自己变成一个更懂得珍惜的人。）

反思

这样改写以后，你内心有什么感觉？

练习二十七　呼吸放松法

背景：每当我们有情绪的时候，能量想要冲出来的时候，就可以借着呼吸的频率来运作内在的能量。

练习引导

1. 尝试腹式呼吸，把手放在丹田处，吸气的时候想象空气由鼻腔到丹田，呼气的时候嘴巴微微张开，和鼻腔同步。

2. 吸气和呼气的同时还可以将双肩、双臂伸展。想象整个身体很和谐、放松。慢慢地，选一个感觉身体特别舒服的姿势。

3. 想象我的心打开了，内在有了更多的能量和智慧，眉头也舒展开来。我的内在观察到能量更顺畅、和谐地流动，并且和外在也能更自如地交换。那些让我有情绪的事会变得越来越小，离我越来越远，我也不会因为外在的事而牺牲自己的能量。

4. 直到放松的感觉一直蔓延至手指尖和脚趾尖，所有注意力都在如何让自己更和谐、更舒适上，再慢慢把自己带回到所处的空间，和周围有一点连接。在心里默数三个数，然后睁开眼睛，搓热手心，用掌心捂住双眼，稍后再拍打一下面部，给自己一些能量。

练习二十八　混合法

背景：情绪无法仅靠理性来控制，我们还可以配合一些身体部位来舒缓情绪。

练习引导

1. 双脚和双手交叉，哪只脚朝外，哪只手也同步朝外。

2. 然后翻转双手至两只手掌心相对的状态，十指相扣，最后朝向身体这一侧，将双拳反转至正上方并置于膻中穴，也就是离心脏比较近的位置。

3. 头可以微微低下来，双肩放松，保持这样的状态进行腹式呼吸。

4. 想象整个身体就像一个连接天与地的管道，通过呼吸把散在外面的能量带到身体的中心轴位置。如果过程中感觉疲惫，也可以交换一下双腿和双手朝外交叉的方向。

反思

可以让一个朋友念指导语，自己全身心投入练习。

✎ 练习二十九　生理平衡法

背景：这个练习可以让我们放松，但更适合在要去做一些重要的事情之前，但当下有点疲惫，能量和思维都比较散乱的情境下使用。

练习引导

1. 首先找到眉毛的中心点，垂直向上延伸至这个中心点和发际线的中间位置，然后用两个手指将这个中心位置轻轻按住。

2. 再将另一只手的手掌心放在颈后的大椎穴。

3. 期间，身体保持完全放松，头自然下垂，还可以配合几次深呼吸。

反思

可以让一个朋友念指导语，自己全身心投入练习。

✐ 练习三十　现场抽离法

背景：谁都会有情绪，那么从情绪中抽离是重要的技能。这个练习可以使你的情绪更加稳定，思路更加清晰，视角更加全面。

> ### 练习引导
>
> 用如下两种方式谈论一件曾经让自己有情绪的事情。
>
> 1. 投入式谈论（第一人称）——想象自己正身临其境，还原当时自己在和谁说话，对方说了什么、做了什么，自己产生了怎样的情绪，这种情绪的强度有多大。
>
> 2. 抽离视角（第三人称）——想象自己是房顶上的摄像头，俯视包括自己在内的整个事件发生的场景，然后用第三人称去描述同一件事，分析此刻涌现出的想法或者策略有什么不同。

反思

1. 你想到的这件事情跟谁有关?

2. 你觉得自己为什么会有如此强烈的情绪反应?

3. 你有怎样的内心需求?

4. 通过练习,你的情绪有怎样的变化?

 练习三十一　逐步抽离法

背景：逐步抽离法是一个快速消除负面情绪的技巧。

练习引导

1. 坐在椅子上，回想一件让自己困扰的事（事件最好和父母无关）。

2. 给当下的情绪状态打分（0~10 分）。

3. 把"情绪的自己"留在椅子上，"抽离的自己"（即"智慧的自己"）走出来，并找一个合适的距离和"情绪的自己"面对面站着，说："我是负责理智的，你是负责情绪的。"

4. 反思那一刻还有情绪吗？若还有情绪，那么它的颜色、大小、形状和存在的部位是哪里？

5. 想象情绪变成细小颗粒，自己的身旁有一个按钮，伸出手按下去之后，颗粒高速飞向坐在椅子上的那个"情绪的自己"，眼睛盯着颗粒离开，直到全部飞过去为止。

反思

现在还有情绪吗？如果有，给情绪评分。

如果已经减少至 3 分以下，练习可以结束。

如果仍在 3 分以上，按照上述步骤再做一次。

练习三十二　保险箱技术

背景：接下来这个练习能帮助你改变经验元素，而且也是一种可以即时处理情绪的技巧。

练习引导

1. 回忆一件让你产生情绪的事件，它是：＿＿＿＿＿＿＿＿

给情绪打分（0 ～ 10 分），分数是：＿＿＿＿＿＿＿＿

2. 感受情绪最明显存在于身体哪个部位，凭感觉对情绪进行评估（颜色、大小、质地、温度、边界等），运用改变经验元素的方法让情绪变成更加舒服的状态。

3. 想象左手边放着一个自己喜欢的保险箱。

4. 将处理过的情绪从身体里分离出来，放进保险箱，并且与之对话："我知道你对我的成长有意义，虽然现在我还不知道你对我意味着什么，等我成长得更好后，我会再来理解你。"

5. 将保险箱锁好（只有自己有钥匙），将保险箱向左前方推远至一个点，远至不影响自己看正前方的视线。

6. 打破状态，测试效果。

提醒

在《幸福的真相》第九章第四节有实操举例，能帮助你更好地学习如何进行这项练习。

☑ 心灵札记

练习三十三　情绪咖啡机

背景：很多未完结事件或者未表达的情绪，都是我们成长的资源。

练习引导

准备四张白纸，摆放到让你感觉舒服的距离。

第一张：回忆一件让你纠结的人或事。

第二张：接纳和表达情绪（愤怒、焦虑、嫉妒、恐惧）。

第三张：找到情绪的正面意义（成长、提醒）。

第四张：连接未来景象（未来更有力量的自己）。

感恩这几张纸上写的内容。

第一张纸：感谢事件——你的出现让我得到成长。

第二张纸：感谢情绪——你给我这份力量。

第三张纸：谢谢你用这种方式让我得到成长。

反思

你的感受是怎样的？

练习三十四　收回投射法

背景：收回投射法就是把对某人的投射交还给相应的人，而当我们能够带着觉知的时候，每个人都可以自如地扮演不同的角色。

练习引导

1. 呼吸放松与潜意识沟通。

2. 想象被投射对象站在对面，观察对方表情、姿势等，留意自己的内心感受。

3. 与被投射对象对话：

你只是我的 ××/ 你不是我的 ××/ 你只能给我作为 ×× 能给到我的 / 你给不了那些只有我父母才能满足我的需要 / 现在我把放在你身上那些只有父母才能满足我的需求，从你那里收回到我父母那里 / 你只做我的 ××

4. 想象从对方身上飞回一些需求到父母那里。

5. 再观察对方，表情一般会更柔和、轻松，更清晰等一些变化，留意自己的内心感受。

6. 打破状态，效果测试。

反思

你的感受是怎样的?

☑ 心灵札记

✎ 练习三十五　感知位置换框法

背景：我们很难在头脑里进行换位思考，而通过身体的换位，我们看问题的角度会更直观。

练习引导

回忆一件困扰自己的事件，然后进行如下练习：

1. 如果我是事件里的对方，对方会如何看待这件事情？

2. 如果我是自己的"重要他人"，"重要他人"会如何看待这件事里的我和这件事，会给我什么样的建议？

3. 如果我是未来的自己，比如十年后的我，我如何看待这件事？如何看待这件事里的自己？

4. 如果我是咨询师，会如何看待这件事？如何看待事件里的我？他会给我什么建议？

5. 那个能够游刃有余地处理这件事的我会如何做？

反思

你的感受是怎样的？

背景：几乎所有分手或离婚的案例都应该做一下情感失衡和纠缠的处理。

练习引导

1. 想象自己过往生命中的一个画面，这个画面是：

2. 我此时的情感是：

3. 给予祝福和道别：

4. 想象跟事件道别的未来的自己的画面：

5. 未来的我的情感是：

6. 闭上眼，感受这个未来的自己，并与之拥抱。

反思

你的感受是怎样的?

☑心灵札记

背景：独立，是一个人真正的成人礼。

练习引导

面对父母，或者想象父母坐在自己面前，按步骤这样做：

1. 爸爸（妈妈），作为孩子，我对你的感觉是：

（根据自己的感觉，把自己潜意识说出来）

2. 其实，我的感觉是：

3. 其实，我想要的是：

4. 爸爸（妈妈），我需要你的爱，我也是爱你的。现在我带着爱，将这些放下，去做自己，请你祝福我。

5. 鞠躬，拥抱父母，转身走向自己。

反思

你的感受是怎样的?

☑ 心灵札记

练习三十八　与目标和未来对话

背景：我们可以运用感知位置平衡法来探索和未来的自己的关系。

练习引导

1. 想象一下，5 年后的我会是什么样子？

2. 想象一下，目标都实现后会是什么样的画面？画面里都有谁？

3. 我想对当初的自己说：

4. 想象完全进入未来的画面，完全成为那个自己，就好像那个画面中所有的景象都已经实现。做一个深呼吸将这份能量完整地吸入自己的身体，就好像身体的每一个细胞都跳跃着那种能量。然后再转身看着 5 年前的自己，也就是当下的自己，有什么话要对自己说？

5. 回到原来的位置，看到未来的自己，听到未来的自己的祝福，有什么感觉？对未来的自己有什么话想说？

6. 在心底，和目标与未来来一个拥抱。

反思

你的感受是怎样的？